GÉOGRAPHIE EN RELIEF.

SPHÈRE TERRESTRE

EXÉCUTÉE PAR

Jules TOURNOUX.

EXPLICATION DE LA FIGURE.

PARIS,

RUE BRÉA, N° 8.

1878

31398

Angers. - Imp. de Cosnier et Lachèse.

INTRODUCTION.

Pour rendre facile l'étude de la géographie il
ne suffisait pas de représenter une figure exacte de
la terre, il fallait encore faciliter les recherches à
faire sur cette figure; c'est ce que nous sommes
parvenu à réaliser par un procédé assez simple.

On sait que pour se reconnaître sur tous les
points du globe, on a imaginé de le diviser en un
grand nombre de parties. L'équateur le partage, en
son milieu, en deux hémisphères. L'hémisphère situé au-dessus de l'équateur est l'hémisphère nord,
celui qui est situé au-dessous est l'hémisphère sud.
Si l'on imagine une ligne coupant l'équateur à angle
droit et s'étendant depuis le pôle nord jusqu'au pôle
sud, et que sur cette ligne on compte 25 lieues en
se dirigeant de l'équateur vers le nord, on aura
parcouru un degré de latitude au nord; si l'on con-
tinue ainsi jusqu'au pôle, on trouvera 90 fois 25
lieues ou 90 degrés de latitude nord. En faisant
passer par ces points autant de cercles parallèles à
l'équateur, l'hémisphère nord sera partagé en 90
tranches ou zônes parallèles. Si l'on fait de même
pour l'hémisphère sud, la terre entière sera divisée

en 180 zônes formées par 90 degrés de latitude au nord et autant au sud.

Mais cela ne serait pas suffisant pour se reconnaître sur la surface terrestre; car si l'on veut désigner, par exemple, un point situé sur l'équateur; attendu que cette ligne, entourant le globe entièrement, a 9,000 lieues de longueur, il est important de déterminer au juste la position qu'occupe ce point sur cette ligne de 9,000 lieues. Pour y parvenir on a divisé l'équateur comme on a déjà fait sur la ligne qui s'étend d'un pôle à l'autre. A partir d'une première ligne, qui s'étend du nord au sud et qu'on appelle premier méridien, on trace à droite, c'est-à-dire à l'est, des lignes semblables à la première et dirigées du nord au sud; elles sont distantes de 25 lieues à l'équateur, seulement, parce qu'elles vont toutes aboutir à un centre commun qui est le pôle nord et le pôle sud. Lorsqu'on a parcouru à l'est la moitié du globe, on a trouvé 180 fois 25 lieues qui font 4,500 lieues; on en fait autant à gauche du premier méridien, c'est-à-dire à l'ouest, et on trouve encore 4,500 lieues, ce qui fait que la ligne de 9,000 lieues se trouve divisée en 360 degrés ou lignes éloignées de 25 lieues les unes des autres : 180 degrés à l'est, 180 degrés à l'ouest. Ces degrés sont nommés degrés de longitude. Il y a donc longitude est et longitude ouest, comme il y a eu latitude nord et latitude sud. Il est impossible de confondre les degrés de latitude avec les degrés de longitude, attendu que les degrés de latitude sont parallèles, ce qui n'a pas·lieu pour les degrés de longitude, puisqu'ils se rencontrent tous au pôle.

360 degrés de longitude, tant à l'est qu'à l'ouest, coupés par 180 degrés ·de latitude, tant au nord qu'au sud, forment sur la sphère terrestre 64,800 compartiments parfaitement distincts les uns des autres.

Il est facile de reconnaître que s'il avait fallu diviser notre sphère, de si petite dimension, en 64,800 compartiments, quelque délicatement que fussent tracées les lignes, elles se seraient confondues. On évite cet inconvénient en traçant 10 degrés à la fois aussi bien sur l'équateur que sur le premier méridien convenu. Dès lors les 64,800 compartiments se réduisent à 648. C'est la division adoptée pour les globes de même dimension que le nôtre.

S'il s'agit maintenant de désigner un point quelconque, il suffit d'indiquer le compartiment dans lequel est situé ce point; et pour préciser davantage on a eu recours à des numéros encadrés dans chaque compartiment. Quelques noms pris au hasard feront comprendre la simplicité de ce mécanisme.

On ferait peut-être injure au lecteur en l'avertissant que sur notre globe les reliefs ont été considérablement exagérés. On sait en effet que le diamètre de la terre étant de 3,000 lieues, et les plus hautes montagnes ne dépassant pas deux lieues d'élévation au-dessus du niveau de la mer, la plus haute saillie des montagnes se trouve égale à la 1,500ᵉ partie du diamètre du globe. Or notre globe artificiel ayant environ 250 millimètres de diamètre, s'il avait fallu diviser ce diamètre en 1,500 parties et se servir de l'une de ces parties pour faire la saillie des plus hautes montagnes, on aurait entrepris l'impossible. Il était donc nécessaire d'exagérer les reliefs. Toutefois on s'est attaché à établir entre les différentes saillies des montagnes une relation exacte : Ainsi les Pyrénées sont moins élevées que les Alpes et celles-ci le sont moins que les Cordillères et l'Himalaya.

Dans l'ouvrage définitif qui est destiné à accompagner ce globe et qui paraîtra prochainement, on trouvera une notice abrégée de la géographie physique et historique. Tous les points marqués sur la sphère que nous présentons, seront rangés là dans leur ordre naturel, et en se reportant au dictionnaire alphabétique, on pourra se livrer aux nombreuses recherches auxquelles ce globe peut donner lieu. Le dictionnaire contiendra près de 3,000 noms.

Jusqu'ici la géographie en relief est à peu près restée stationnaire; il semblerait même que ceux qui se sont occupés de cette spécialité ont ignoré les ressources de la ciselure et de la gravure, ou qu'ils ont reculé devant les sacrifices qu'exigeait une pareille tentative. Quant à celui qui écrit ces lignes, depuis quatre années qu'il compte sur ce travail les heures et les minutes, il croit pouvoir se rendre ce témoignage, qu'il a accompli consciencieusement la tâche qu'il s'est imposée; et si l'on refusait d'accorder dans cette entreprise une certaine part au dévouement, on s'écarterait de la vérité. Nous nous sommes proposé pour but de rendre accessible à tous, les connaissances géographiques et de donner de cette science une idée relativement aussi exacte que possible; le lecteur jugera si nous avons réussi.

Bien que nous ayons fait nos efforts pour surpasser ce qui a été fait jusqu'ici, néanmoins nous sommes loin de regarder cet essai comme le dernier terme que l'on puisse attendre; nous prions, au contraire, le lecteur de considérer ce travail comme l'esquisse de ce que nous nous proposons de faire dans cette voie nouvelle.

Si des sphères en relief ne roulaient dans l'espace l'idée de représenter la terre en relief aurait pu être suggérée par la statue de Cuvier faite par David, où l'artiste représente le savant fouillant du doigt une sphère où sont indiquées en relief les différentes parties du monde; nous ne revendiquerons donc pas le mérite de l'invention.

Nous entrerons ultérieurement dans de plus amples développements, quant à présent l'espace ne nous le permet pas.

TABLE ALPHABÉTIQUE

POUR L'EXPLICATION DE LA FIGURE.

Le compartiment désigné dans le dictionnaire est toujours au sud du degré de latitude et à l'ouest du degré de longitude. Exemple : Paris, lat. N. 50, long zéro, n. 1. Nous disons lat. N. 50, parce que le numéro 1 qui indique Paris est dans un compartiment qui est au bas, ou au sud, du 50ᵉ degré de lat. nord. et nous disons long. zéro, parce que ce même compartiment est immédiatement à gauche ou à l'ouest du degré de longitude marqué zéro, *au sud du degré de lat. et à l'ouest du degré de long.* Ceci est vrai pour chacun des 648 compartiments. (1).

A.

ABONDANCE (baie d') latitude. S. 30, longitude. 180, n. **5**.

ACHEM, lat. N. 20, long. E. 100, n. **4**.

AÇORES (îles) lat. N. 40, long. O. 20 n. **1**, **2** et **3**.

ADAM (Pic d'), v. Ceylan.

ADELIE (terre), lat. S. 70, long. E. 150. n. **1**.

AGRA, lat. N. 30, long. E. 80, n. **2**.

AIGUILLES (cap des), lat. S. 30, long. E. 20, n. **5**.

ALAGOAS, lat. zéro, long. O. 30. n. **7**.

---

(1) On s'est attaché dans ce petit dictionnaire à choisir les noms de telle sorte que le lecteur pût explorer un peu toutes les parties du globe ; dans l'ouvrage qui paraîtra prochainement, on s'efforcera de mettre autant d'ordre et de méthode qu'il sera possible, tout en restant dans une étendue très restreinte.

ALCANTARA, lat. S. 30, long. O. 70, n. **10**.

ALDABRA (îles), lat. zéro, long. E. 50, n. **6**.

ALEUTIENNES (îles), depuis les îles Shoumagin jusqu'à l'île Attou. Voy.

ALGER, lat. N. 40, long. E, 10, n. **8**.

ALGOA (Baie d'), lat. S. 30, long. E. 30, n. **2**.

AMAZONES (fleuve des), lat. zéro, long. O. 50, n. **2** et **3**.

AMAZONES (Bouches), lat. N. 10, long. O. 50, n. **7**,

AMBOINE (île), lat. zéro, long. 130, n. **10**.

AMBRE (cap), lat. S. 10, long. E. 50, n. **2**.

AMBRIZ, lat. zéro, long. E. 10, n. **7**.

AMBROISE (île St.), lat. S. 20, long. O. 80, n. **1**.

AMIRANTES (îles), lat. zéro, long. E. 60, n. **3**.

AMIRAUTÉ (îles de l'), lat. zéro, long. E. 150, n. **2**.

AMOU DARIA (rivière), lat. N. 50, long, E 60, n. **3**.

AMOUR (fleuve), lat. N. 50, long. E. 140. n. **1**.

AMSTERDAM (île), lat. S. 30, long E. 80, n. **1**.

ANADIR (golfe d'), lat. N. 70, long. O 170, n. **3**.

ANDAMAN (îles), lat. N 20. long. E. 90, n. **10**.

ANGLETERRE. Voy. Londres.

ANNAM. Voy. Camboge.

ANNATOM (île), lat. S. 20, long. E. 170, n. **1**.

ANNOBON (île), lat. zéro, long. E. 10, n. **1**.

ANTICOSTI (île). lat. N. 50, long. O. 60, n. **1**.

ANTILLES (petites), lat. N. 20, long. O. 60, de **2** à **13**.

ANTIPODE DE PARIS, point remarqué sur le 180e degré de long. entre le 40e et le 50e degré de lat. S.

API (île), lat. S. 10, long. E. 170, n. **5**.

ARAL (lac), il reçoit l'Amou-Daria. Voy.

ARCHIPEL DE LA RECHERCHE, lat. S. 30, long. E. 130 n. **2**.

ARCHIPEL DES ILES BASSES (Pomoutou) au sud du compart. formé par le 10e degré de lat. S. et le 140e degré de long. O.

ARICA, lat. S. 10, long. O, 70, n. **6**.

ARROU (îles), lat. zéro. long. E. 140, n. 4.

ASCENSION (île), lat. zéro, long. O. 10, n. **1**.

ASSOMPTION, lat. S. 20, long. O. 50, n. **3**.

ATHENES, lat. N. 40, long. E. 30. n. **3**,
ATOAI (île), lat. N. 30, long. O, 160, n. **4**.
ATTOU (île), lat. N. 60, long, E. 170, n. **5**.
AUGUSTA, lat. S. 30, long. E. 120. n. **1**.
AUGUSTIN (îles St), lat. N. 10, long. E. 160. n. **1**.
AUGUSTIN (île St), lat. zéro, long. 180.
AUSTRALIND, lat. S. 30, long. E. 110, n. **3**.
AZOF (mer d'), elle reçoit le Don.

B.

BABELMANDEB (détroit de), au sud de la mer Rouge. V. Moka.
BAFFIN (baie de), fermée par le détroit de Davis et celui de Barrow, Voy.
BAGDAD. lat. N. 40, long. E. 50, n. **5**.
BAHAMA (canal de), lat. N. 30, long. O, 80, n. **4** et **7**.
BAIE AUX BALEINES, lat. S. 20, long. E. 20, n. **1**.
BAIE DES CHIENS MARINS, lat. S. 20, long. E. 110, n. **2**.
BAIE DE TODOS OS SANTOS, lat, S. 10, long. O. 30. n. **5**,
BAIE SAINT-FRANÇOIS, lat. S. 30, long. E. 30, n. **4**.
BAIKAL (lac), lat. N. 60, long. E. 110, n. **2**.
BALÉARES (îles), lat. N. 40, long. E. 10, n. **1**.
BALI (île), lat. S. 10, long. E. 110, n. **1**.
BANCA (île), lat. zéro, long. E. 110, n. **2**,
BANKS (îles), lat. S. 10, long. E. 170, n. **3**.
BANKS (presqu'île), lat. S. 40, long. 180, n. **4**.
BANZA, lat. zéro, long. E. 10, n. **6**.
BARCELLOS, lat. zéro, long. O. 60, n. **1**.
BAROW (détroit de); lat. N. 80, long. O. 70, n. **1**.
BAROW (pointe), lat. N. 80, long. O. 150, n. **2**,
BASS (détroit de), lat. S. 40, long. E. 140, n. **1**.
BASS (îles), lat. S. 20, long. O. 440, n. **3**.
BATAVIA, lat. zéro, long. E, 110, n. **5**.
BATHUURST, lat. S. 30, long. E, 30, n. **1**,
BANJERMASSING, lat. zéro, long. E. 120, n. **2**.
BELLE-ILE (détroit de), lat. N. 60, long. O, 50, n. **3**.

BEMBAROUQUE (rivière), lat. S. 10, long. E. 10, n. **4**.

BENARÈS, lat. N. 30, long. E. 90, n. **2**.

BENCOULEN, lat. zéro, long. E. 100, n. **6**.

BENDER ABASSI, lat. N. 30, long. E. 60, n. **4**.

BENGALE (golfe), celui qui reçoit le Gange. V.

BENJOUR (île), lat. S. 10, long. E. 120. n. **3**.

BÉRING (détroit de), lat. N. 70, long. O. 170, n. **2**.

BÉRING (île), lat. N. 60, long. E. 170, n. **3**.

BÉRING (mer de), formée par les îles Aleutiennes.

BERLIN, lat. N 60, long. E. 20, n. **5**.

BELLITON (île), lat. zéro, long. E. 110, n. **3**.

BOKHARA, lat. N. 40 long. E. 70, n **1**.

BOLCHERETZKOI, lat. N 60, long. E. 160, n. **2**.

BORBA, lat. zéro, long. O. 60, n. **7**,

BORDEAUX, lat. N, 50, long. zéro, n. **7**.

BORNEO, lat. N. 10, long. E. 120, n. **3** et **4**.

BOSTON, lat. N. 50, long. O. 70, n. **5**.

BOTANY-BAY, lat. S. 30, long. E. 160, n. **5**.

BOUALI, lat. zéro, long. E 10, n. **5**.

BOUGAINVILLE (île), lat. zéro, long. E. 160, n. **3**.

BOUROU (île), lat. zéro, long. E. 130, n. **3**.

BOUTOUN (île), lat. zéro, long. E. 130, n. **7**.

BOUVET (îles), lat. S. 50, long. E. 10, n. n. **1**.

BRAMAPOUTER (fleuve), lat. N. 30, long. E. 90, n. **8**.

BRAVO (rivière), lat. N, 40, long. O. 100, n. **1**, **2** et **3**.

BREST, lat. N, 50, long. zéro, n. **3**.

BRETAGNE (nouvelle), lat. zéro, long. E. 150, n. **4**.

BRUXELLES, lat. N. 60, long. E. 10, n. **4**.

BUENOS-AYRES, lat. S. 30, long. O. 60, n. **2**.

BUKAREST, lat. N. 50, long. E. 30, n. **6**.

BURNEY (cap), lat. S. 30, long. E. 110, n. **2**.

C.

CABOUL, lat. N. 40, long. E. 70, n. **3**.

CACONDA, lat. S. 10. long. E. 20, n. **2**.

CADIX, lat. N. 40, long. zéro, n. **4**.

CAIRE (le , lat. N. 30, long. E. 30, n. **1**.

CALAUR (île), lat. zéro, long. E. 120, n. **6**.

CALCUTTA, lat. N. 20, long. E. 90. n. **3**.

CALEDONIE (nouvelle), lat. S. 20, long. E. 160, n. **2**.

CALIFORNIE (golfe de), lat. N. 40, long. O. 100, n. **11**.

CALIFORNIE (nouvelle), au nord de l'ancienne Californie, jusqu'au cap Mendocino.

CALIFORNIE (vieille), depuis le cap St-Lucas jusqu'au cap St-Diego. Voyez.

CAMBAMBE, lat. zéro. long. E. 20, n. **4**.

CAMBOGE, lat. N. 20, long. E 110, n. **5**.

CANARIES (îles), Voyez îles de Fer et Ténériffe.

CANCOBELLO, lat. zéro, long. E. 20, n. **1**.

CANDIE, lat. N. 40, long. E. 30, n. **5**.

CANINDE, lat. zéro, long. O. 50, n. **10**,

CANTON, lat. N. 30, long. E. 120, n. **5**.

CAP BLANC, lat. N, 30, long. O. 20, n. **3**.

CAP DE BONNE-ESPÉRANCE, lat. S. 30, long. E. 20. n. **4**.

CAP HORN, lat. S. 50, long. O. 60. n. **6**.

CAP ST-ROQUE. lat. zéro, long, O. 30, n. **3**.

CAP ST-VINCENT, lat. N. 40, long. O. 10, n. **3**.

CAP VERT (îles du), lat. N. 20, long. O. 20, n. **1 , 2 , 4 , 5** et **6**.

CAP VERT, lat. N. 20, long. O. 20, n. **3**.

CAP (ville du), lat. S. 30, long. E. 20, n. **3**.

CARACAS, lat. N. 20, long. O. 60, n. **14**.

CARPENTARIE (golfe de), lat. S. 10, long. E. 140. n. **4**.

CARROE, lat. S. 10, long. E. 40, n. **5**.

CAXAINARCA, lat. zéro, long. O. 80, n. **9**.

CAYENNE, lat. N. 10, long O. 50, n. **3**.

CELÈBES îles, lat. zéro, long. E. 120, n. **3**.

CERAM (île), lat. zéro, long. E. 139, n. **6**.

CEYLAN, lat. N. 10, long. E. 80, n. **4**.

CHANDERNAGOR, lat. N. 30, long. E. 90, n. **5**.

CHATAM (îles), lat. S. 40, long. O. 170, n. **1**.

CHICOCOLA, lat. N. 20, long. E. 90, n. **5**.

CHILOÉ (île de), lat. S. 40, long. O. 70, n. **2**.

CHOISEUL (île), lat. zéro, long. E, 160, n. **6**.

CHRISTIANIA, lat. N. 70, long. E.10, n. **5**.

CHRISTOVAL (île S.), lat. S. 10, long. E. 160, n. **2**.

CHYPRE, lat. N. 40, long. E. 30, n. **6**.

CIARA, lat. zéro, long. O. 30, n. **2**.

CLARENCE, lat. S. 30, long. E, 120, n. **4**.

COANZA (rivière), lat. zéro, long. E. 20, n. **4**.

COCHINCHINE, lat. N. 20, long. E. 110, **3, 4, 6** et **7**.

Cocos (île des), lat. S. 10, long. E. 100, n. **1**.

COÉTIVI (île), lat. zéro, long. E. 60, n. **4**.

COMORES (îles), lat. S. 10, long. E. 50, n. **1**.

COMORIN (cap), lat. N. 10, long. E. 80, n. **2**.

CONGO ou ZAIRE (rivière). Voy. Sundi et Banza, villes situées sur cette rivière.

CONSTANTINE, lat. N. 40, long. E. 10, n. **7**.

CONSTANTINOPLE, lat. N. 50, long. E. 30, n. **10**.

COOK (détroit de), lat. S. 40, long. 180, n. **2**.

COOK (îles de), lat. S. 20, long. O. 160, n, **1**.

COPENHAGUE, lat. N. 60, long. E 20, n. **3**.

COPORORO, lat. S. 10, long. E. 10, n. **3**.

CORÉE, lat. n. 40, long. E. 130, n. **2**.

CORRIENTES (cap), lat. S. 20, long. E. 40, n. **4**.

CORRIENTES, lat. S. 20, long. O. 60, n. **6**.

CORSE, lat. N. 50, long. E. 10, n. **9**.

COTTIE, lat. zéro, long. E. 120, n. **1**.

COUMASIE, lat N. 10, long. zéro n. **3**.

COUVO (rivière), lat. zéro, long. E. 40, n. **4**.

CRACOVIE, lat. N. 50, long. E. 20, n. **2**.

CUBA, Voyez Havane,

CUENCA, lat. zéro, long. O. 80, n. **8**.

CURAÇAO, lat. N. 20, long. O. 70. n. **5**.

D.

DANUBE (fleuve), lat. N. 50, long. E. 20, n, **3, 4, 5** ; et lat. 50, long. 30, n. **12**.

DAVIS (détroit de), lat. N. 70, long. O. 50, n. **2**.

DELGADO (cap), lat. zéro, long. E. 50, n. **5**.

DELHI, lat. N. 30, long. E. 80, n. **1**.

DÉTROIT DE GIBRALTAR. Voyez Cadix et Tanger.

DÉTROIT DE LE MAIRE, lat. S. 50, long. O. 60, n. **5**.

DIEGO GARCIA (île), lat. zéro, long. E. 80, n. **1**.

DIEMEN (île de), lat. S. 40, long. E. 150, n. **3**.

DIRCH HARTIKS (île), lat. S. 20, long. E. 110, n. **3**.

DISTANT (île), lat. S. 40, long. E. 60, n. **1**.

DNIEPER (fleuve), lat. N. 50, long. E. 40, n. **4**.

DNIESTER (rivière), lat. N. 50, long. E. 30, n. **2**.

DON (fleuve), lat. N. 50, long. E. 40, n. **3**.

DONGOLAH, lat, N. 20, long. E. 30, n. **3**.

DUBLIN, lat. N. 60, long. O. 10, n. **2**.

DUCIE (île), lat. S. 20, long. O. 120, n. **2**.

E.

ECOSSE, lat. N. 60, long. zéro, n. **3**.

EDIMBOURG, lat. N. 60, long. zéro, n. **3**.

EDOUARD (îles du Prince), lat. S. 40, long. E. 40, n. **1**.

ELBE (rivière), lat. N. 60, long. E. 10, n. **2**.

ELIZABETH (îles), lat. S. 20, loug. O. 120, n. **1**.

ELLICE (îles), lat. zéro, long. 180. n. **6**.

ERIÉ (lac), lat. N. 50, long. O. 80, n. **3**.

EUPHRATE (fleuve), lat. N. 40. long. E. 40, n. **7**.

F.

FAREWEL (cap), lat. N. 60, long. O. 40, n. **1**.

FERNANDO PO (île), lat. N. 10, long. E. 10, n. **6**.

FEROÉ (iles), lat. n. 70, long. O. 10, n. **3**.

FINISTÈRE (cap), lat. N. 50, long. O. 10. n. **3**.

FLEUVE-BLEU, lat. n. 40, long. E. 120, n. **7** et **8**.

FLEUVE JAUNE, lat. N. 40, long. E. 120, n. **5**.

FOULAK lat. S. 20, long. E. 50, n. **3**.

FRANCISCO (cap S.), lat. N. 10, long. O. 80, n. **9**.

FRANCISCO (riv. S.), lat. S. 10, long. O. 30, n. **1**.

FRIO (cap), lat S. 10, long. E. 10, n. **6**.

G.

GAGOU (rivière), lat. S. 20, long. E. 30, n. **2**.

GALLAPAGOS (îles), lat. zéro, long. O. 90, n. **1**.

GAMBIER (îles), lat S. 20 long. O. 130, n. **1**.

GANDO, lat. S. 10, long. E. 20, n. **1**.

GANGE (fleuve), lat. N. 30, long. E. 90, n. **2, 3 et 4**.

GASCOGNE (golfe de), lat. N. 50, long. zéro, n. **8**.

GEORGES IV (golfe de), lat. N. 50, long. O. 120, n. **2**.

GEORGIA (île), lat. S. 50, long. O. 30, n. **2**.

GILOLO, lat. N. 10 long. E. 130, n. **4**.

GOLFE DU MEXIQUE, à l'embouchure du Mississipi. V. Nouvelle-Orléans.

GOLFE PERSIQUE. Il reçoit le Tigre. V.

GOLFE ST-ANTONIO, lat. S. 40, long. O. 60, n. **2**.

GOLFE SAINT-LAURENT, à l'embouchure du fleuve de ce nom. Voyez.

GROENLAND. V. Upernavick.

GUATEMALA, lat. N. 20, long. O. 90, n. **4**.

GUYAQUIL, lat. zéro, long. O. 80, n. **3**.

H.

HALIFAX, lat. N. 50, long. O. 60, n. **3**.

HANOVRE (nouvelle), lat. zéro, long. E. 150, n. **5**.

HART, lat. S. 20, long. E. 30, n. **3**.

HAVAII, lat. n. 20, long. O, 150, n. **1**.

HAVANE, lat. N. 30, long. O. 80, n. **6**.

HEBRIDES (nouvelles), s'étendent depuis l'île Saint-Esprit jusqu'à l'île Annatom.

HECABONA, lat S. 10, long. E. 20, n. **3**.

HEIDERABAD, lat. N. 30, long. E. 70, n. **4**.

HÉLÈNE (Baie Ste), lat. S. 30, long. E. 20, n. **2**.

HERVEI (baie), lat. S. 10, long. E. 160, n. **1**.

HINDOUSTAN, depuis l'Indus jusqu'au Bramapouter, au sud de l'Hymalaya.

HISPAHAN, lat. N. 40, long. E. 50. н. **7**.
HOBART-THOWN, lat. S. 40, long. E. 150, n. **2**.
HONDURAS (golfe de), lat. N. 20, long. O. 80, n. **2**.
HOWE (îles), lat. zéro, long. E. 160, n. **2**.
HUDSON (baie d'), lat. N. 60, long. O. 80, н. **4**.
HUDSON (détroit de), lat. N. 70, long. O. 70, н. **2**.
HURON (lac), lat. N. 50, long. O. 80, n. **1**.
HYMALAYA, chaîne de montagnes qui s'étend depuis Kachmir
jusqu'à Lassa. V.

I.

ILE BOURBON, lat. S. 20, loug. E. 60, n. **2**.
ILE DE FER, lat. N. 30, long. O. 20, n. **1**.
ILE DE FRANCE, lat. S. 20, long. E. 60, n. **1**.
ILE DES AMIS, lat. S. 20, long. O. 170, н. **2**.
ILE DES ETATS, lat. S. 50, long. O. 60, n. **4**.
ILE SAINT-ESPRIT, lat. S. 10, long. E. 170, н. **4**.
ILE SAINTE-HÉLÈNE, lat. S. 10, long. zéro, n. **1**.
ILES VITI, lat. S. 10, long. 180, n. **2**, **3** et
INDUS (fleuve), lat. N. 30, long. E. 70, n. **3** et **4**.
IRKOUSTK, lat. N. 60, long E. 110, n. **4**.
IRLANDE, lat. N. 60, long. O. 10, n. **9** et **3**.
IRLANDE (nouvelle), lat. zéro, long. E. 160, n. **5**.
ISABELLE (île), lat. zéro, loug. E. 160, n. **4**.
ISLANDE lat. N. 70, long. O. 10, н. **1** et **2**, et long. 20, **1**, **2**
et **3**.
ISTHME DE PANAMA. V. Panama.
ISTHME DE SUEZ. V. Suez.

J.

JAFFA (cap), lat. S. 30, loug. E. 140, n. **6**.
JAMAÏQUE (île), lat. N. 20, long. O. 70, n. **3**.
JAVA (île), lat. zéro, long. E. 110, n. **4** et **5**.
JÉRUSALEM, lat. N. 40, long. E. 40, n. **8**.
JESO (île), lat. N. 50, long E. 170, n. **3**.

JOAQUIM (St), lat. zéro, long. O. 70, n. 4.
JOBIE (île), lat. zéro, long. E. 140, n. 2.
JUAN (S.) lat. S. 30, long. O. 70, n. 3.
JUBO, lat. zéro, long. E. 50, n. 1.

K.

KACHMIR, lat. N. 40, long. E. 80, n. 5.
KAMTSCHATKA. V. Bolcheretzkoi.
KANGOUROUS (île des), lat. S. 30, long. E. 140, n. 4.
KÉLAT, lat. N. 30, long. E. 70, n. 2.
KERMADEC (îles), lat. S. 30, long. 180, n. 1.
KESHO, lat. N. 30, long. E. 110, n. 6.
KHIVA, lat N. 50, long. E. 60, n. 3.
KLOOF, lat. S. 20, long. E. 30, n. 5.
KRUAL, lat. S. 20, long. E. 20, n. 4.
KOKAN, lat. N. 50, long. E. 70, n. 4.
KOKO-NOR (lac), lat. N. 40, long. E. 100, n. 2.
KURILLES, du Kamtzchatka à l'île Jeso.

L.

LAC GAND OURS, lat. N. 70, long. O. 120, n. 2.
LAC SUPÉRIEUR, lat. N. 50, long. O. 90, n. 1.
LAGOA (baie de), lat. S. 20, long. E. 40, n. 5.
LA GUADELOUPE, lat. N. 20, long. O. 60, n. .
LA HAYE, lat. N. 60, long. E. 10, n. 3.
LAHORE, lat. N. 30, long. E. 80, n. 6.
LA MARTINIQUE, lat. N. 20, long. O. 60, n. 7
LAMAS, lat. zéro, long. O. 70, n. 6.
LA SÉRÉNA, lat. S. 20, long. O. 70, n. 6.
LASSA, lat. N. 40, long. E. 90, n. 6.
LA TRINITÉ, lat. N. 20, long. O. 60, n. 11.
LAURENT (île St-), lat. zéro, long. E. 50, n. 8.
LE CAP. V. St-Domingue.
LENA (rivière), lat. N. 70, long. E. 130, 1 et 2.
LIBATTA, lat. zéro, long. E. 10, n. 2.
LIMA, lat. S. 10, long. O. 80, n. 2.

LISBONNE, lat. N. 40, long. O. 10, n. **2**.
LOB (lac), lat. N. 50, long. E. 90, n. **5**.
LONDRES, lat. N. 60, long. zéro, n. **5**.
LOPEZ (cap), devant Libatta, lat. zéro, long. E. 10 n. **2**.
LORENCO (rivière), lat. S. 20, long. E. 30, n. **1**.
LORIENT, lat. n. 50, long. zéro, n. **4**.
LOUIS de MARANHAM (St), lat. zéro, long. O. 40, n. **1**.
LUCAS (cap St), lat. N. 40, long. O. 110, n. **7**.
LUCAYES (îles), lat. N. 30, long. O. 70, n. **1**, **2** et **3**.
LUCIE (baie Ste), lat. S. 20, long. E. 40, n. **7**.
LUÇON, lat. N. 20, long. E. 120, n. **1** et **3**.
LUSAUÇAY (îles), lat. zéro, long. E. 150, n. **5**.
LYON, lat. N. 50, long. E. 10, n. **5**.

M.

MACASSAR, lat. zéro, long. E. 120, n. **4**.
MACQUARIE (îles), lat. S. 50, long. E. 160, n. **1**.
MADAGASCAR, forme le canal de Mozambique. V.
MADEIRA (rivière), lat. zéro, long. O. 60, n. **6**, **7** et **8**.
MADÈRE, lat. N. 40, long. O. 10, n. **7**.
MADRAS, lat. N. 20, long. E. 90, n. **9**.
MADRID, lat. N. 50, long. zéro, n. **12**.
MADURA, lat. zéro, long. E. 120, n. **8**.
MAGDALENA (rivière), lat. N. 10, long. O. 70, n. **1**, **3** et **5**.
MAGELLAN (détroit de), lat. S. 50, long. O. 80, n. **3**.
MALACCA, lat. N. 10, long. E. 100, n. **3**.
MALDIVES, lat. N. 10, long. E. 70, n. **2**.
MALOUINES ou FALKLAND (îles), lat. S. 50, long. O. 60, n. 2.
MARIANNES (îles), lat. n. 20, long. E. 150, de **1** a **5**.
MARION et CROZET (îles), lat. S. 40, long. E. 50, n. **1**.
MAROC, lat. N. 40, long. zéro, n. **9**.
MARAJO (île), lat. zéro, long. O 50, n. **1**.
MARQUISES (îles), lat. zéro et 10 au sud, long O. 140, n. **1**.
MARSEILLE, lat. N. 50, long. E. 10, n. **10**.
MÉDINE, lat. N. 30, long. E. 40, n. **8**.
MEKKE (la), lat. N. 30, long. E. 40, n. **11**.

MELINDE. lat. zéro, long. E. 40, n. 1.

MELITTA, lat. S. 20, long. E. 30, n. 4.

MELVILLE (Péninsule), lat. N. 70, long. O. 80, n. 1.

MENDANA (îles), lat. zéro et 10, long. O. 140, n. 1.

MENDOCINO (cap), lat. N. 50 long. O. 120, n. 6.

MER CASPIENNE. Voyez le Volga et l'Oural qui se jettent dans cette mer.

MÈRE DE DIEU (île de la), lat. S. 50, long. O. 80, n. 1.

MER NOIRE. Elle reçoit le Danube et le Dnieper. Voyez aussi Constantinople.

MER ROUGE. Depuis Suez, jusqu'au détroit de Bab-el-Mandeb.

MESURIL, lat. S. 10, long. E. 40, n. 3.

MEXICO, lat. N. 20, long. O, 100 n. 1.

MEXILLONES (baie de), lat. S. 20, long. O. 70, n. 3.

MICHEL (îles), lat. S. 30, long. O. 130, n. 1.

MICHIGAN (lac) lat. N. 50 long. O. 90, n. 6 et 7.

MIMI (lac', lat. S. 30, long. O. 50, n. 3.

MINDANAO (île), lat. N. 10, long. E. 130, n. 1 et 2.

MINTAR (île), lat. zéro, long. E. 100, n. 2.

MISSISSIPI (fleuve), lat. N. 50, long. O. 90, n. 5, et lat. 40, n. 2, 3, 4 et 8.

MISSOURI (rivière), lat. N. 50, long. O. 100, n. 1, 2 et 3.

MOGADOR, , lat. N. 40, long. O. 10. n. 6.

MOKA, lat. N. 20, long. E. 50, n. 5.

MOMBAS, lat. zéro, long. E. 50, n. 3.

MONTÉVIDÉO, lat. S. 30, long. O. 50, n. 5.

MONTOURY, lat. S. 10. long. E. 40, n. 1.

MONTRÉAL, lat. N. 50, long. O. 70, n. 3.

MOSCOU, lat. N. 60, long. E. 40, n. 4.

MOSQUITOS (baie de), lat. N. 20, long. O. 80, n. 5.

MOZAMBIQUE (canal de), lat. S. 20, long. E. 40, n. 8.

MOZAMBIQUE, lat. S. 10, long. E. 40, n. 4.

N.

NANKIN, lat. N. 40, long. E. 120. n. 7.

NANTES, lat. N. 50, long. zéro. n 5.

Naples, lat. N. 50, long. E. 20, n. **10**.

Narreinda, lat. S. 10, long. E. 50, n. **4**.

Nassau (île), lat. zéro, long. E. 100, n. **5**.

Natal (port), lat. S. 30, long. E. 40, n. **1**.

Navigateurs (îles des), lat S. 10, long. O. 170, n. **2** et **4**.

Negrais (cap), lat. N. 20, long. E, 100, n. **4**.

Negro (cap), lat. S. 10, long. E. 10, n. **5**.

New-York, lat. N. 40, long. O. 70, n. **1**.

Nicaragua (lac), lat. N. 20, long. O. 80, n. **7**.

Nicobar (îles), lat. N. 10, long. E. 100, n. **2**.

Nicoya, lat. N. 10, long. O. 80, n. **2**.

Niger (fleuve), lat. N. 20, long. E. 10, n. **3** et **6**. —Bouches, lat. N. 10, n. **3**, et **4**.

Niger (source), lat. N. 20, long. zéro, n. **7**.

Nil (fleuve), lat. N. 30, long. E. 30, n. **1**, **2**, **3** et **7**, et lat. N. 30, long. E. 40, n. **2**, **3**, **4** et **12**. — Bouches V. Rosette.

Niouha (îles), lat. S. 10, long. O. 170. n. **3**.

Niphon, lat. N. 40, long. E. 140, n. **2**.

Nouka-Hiva (île), lat. zéro, long. O. 140, n. **1**.

Nouvelle Galles du Sud. Région de l'Est de la Nouvelle-Hollande.

Nouvelle-Guinée, lat. zéro, long. E, 140, n. **3** et **5**.

Nouvelle-Hollande. Vaste continent situé entre le 10e et le 50e degré de lat S. et le 110e et le 150e degré de long. E. Sydney et Botany-Bay sont situées sur ce continent. Voy.

Nouvelle Orléans, lat. N. 30, long. O. 90, n. **1**.

O.

Obi (île), lat. zéro, long. E 130, n. **1**.

Obi (rivière), lat. N. 70, long. E. 70, n. **2**.

Odessa, lat. N 50, long. E. 30, n. **3**.

Olenek (rivière), lat. N. 70, long. E. 120, n. **1**.

Oman (golfe d'), celui qui reçoit l'Indus.

Ombai (île), lat. zéro, long. E. 130. n. **8**.

Ontario (lac), lat. N 50, long. O. 80, n. **2**.

Orange (rivière), lat. S. 20, long. E. 20, n. **4**.

Oran, lat. N. 40, long. zéro, n. **8**.

Orcades (îles), lat. N. 60, long. zéro, n. **3**.

Orénoque (rivière), lat. N. 10, long. O. 60, n. **4** et **7**.

Ornuz (détroit d'), entre le golfe Persique et celui d'Oman. V. Bender-Abassi.

Otou (cap), lat. S. 30, long. 180, n. **2**.

Oural (riv.), lat. N. 60, long. E. 60, n. **6**.

Ourals (monts), chaîne peu éloignée du 60e degré de long. E. dont elle suit la direction entre le lac d'Aral et le 70e degré de latitude N.

P.

Padang, lat. zéro, long. E. 100, n. **1**.

Palk (détroit de) lat. N. 10, long. E. 80, n. **3**.

Palmerston (îles), lat. S. 10, long. O. 160, n. **4**.

Palos (cap), lat. N. 40, long. zéro, n. **3**.

Panama (baie de), V. Panama.

Panama lat. N. 10, long. O. 80, n. **6**.

Paraguay (riv.), lat. S. 20, long. O. 50, n. **3**.

Parahiba, lat. zéro, long. O. 30, n. **5**.

Paramaribo, lat. N. 10, long. O. 50, n. **2**.

Paranahyba, lat. zéro, long. E. 40, n. **2**.

Paranahyba (riv.), lat. zéro, long. O. 40, n. **2** et **5**.

Paris, lat. N. 50, long. zéro, n. **1**.

Papous (terre des), lat. zéro, long. E. 140. n. **3** et **5**.

Paques (île de), lat. S. 20, long. O. 110, n. **7**.

Patna, lat. N, 30, long. E. 90, n. **3**.

Patta, lat. zéro, long. E. 50, n. **2**.

Paul de Loando (S.), lat. zéro, long. E. 10, n. **8**.

Payta, lat. zéro, long. O. 80, n. **4**.

Pekin, lat. N. 40, long. E. 120, n. **1**.

Pemba (île), lat. zéro, long. E. 40, n. **2**.

Péninsula de Josef, lat. S. 40, long. O. 60, n. **3**.

Penrhin (îles), lat. zéro, long. O. 160, n. **1**.

Perth, lat. S. 30, long. E. 110, n. **1**.

Petersbourg, lat. N. 60, long. E. 30, n. **2**.

PHILIPPINES. V. Luçon et Mindanao.
PIERRE 1er (île), lat. S. 60, long. O. 90, n. 1.
PILCOMAYO (riv.) lat. S. 20. long. O. 60, n. 5.
PINOS (île de), lat. N. 30, long. O. 80, n. 9.
PISCO, lat. S. 10, long. O. 80, n. 3.
PITT (îles), lat. N. 10, long. 180, n. 3.
Po (fleuve), lat. N. 50, long. E. 10, n. 7.
POINTE STE-HÉLÈNE, lat. zéro, long. O. 80, n. 2.
PONDICHÉRY, lat, N. 20, long. E. 80, n. 9.
PORTALÈGRE, lat. S. 30, long. O. 50, n. 1.
PORT DU ROI GEORGES, lat. S. 30, long. E. 120, n. 3.
PORTLAND, lat. S. 40, long. E. 140, n. 2.
PORT JACKSON, lat. S. 30, long. E. 160, n. 3.
PORTO RICO (île), lat. N. 20, long. O. 60, n. 1.
POTOSI, lat. S. 20, long. O. 60, n. 1.

Q.

QUÉBEC, lat. N. 50, long. O. 70, n. 2.
QUILIMANE, lat. S. 10, long. E. 40, n. 6.
QUILOA, lat. zéro, long. E. 40, n. 4.
QUITO, lat. zéro, long. O. 80, n. 1.

R.

RÉSOLUTION (île), lat. N. 70, long. O. 60, n. 4.
RHIN (fleuve), lat. N. 50, long. E. 10, n. 2.
RHONE (fleuve), lat. N. 50, long. E. 10, n. 5.
RICHEMOND, lat. S. 20, long. E. 160, n. 5.
RIO DE LA PLATA, lat. S. 30, long. O. 50. n. 6.
RIO GRANDE DE S. PEDRO, lat. S. 30, long. O. 50, n. 2.
RIO JANEIRO, lat. S. 20, long. O. 40, n. 4.
RODNEY (cap), lat. S. 10, long. E. 150. n. 1.
RODRIGUE (île), lat. S. 10, long. E. 70, n. 1.
ROMARIN (île de), lat. S. 10, long. E. 10, n. 7.
ROME, lat. N. 50. long. E. 10, n. 11.
ROSETTE, lat. N. 40, long. E. 30, n. 10.

Rossel (île), lat. S. 10, long. E. 160, n. 1.
Rotouma (îles), lat. S. 10, long. 180, n. 1.
Rotta ou Roti (île), lat. S. 10, long. E. 120, n. 1.

S.

Sabia (riv.), lat. S. 20, long. E. 40, n. 2.
Saint-Domingue, lat. N. 20, long. O. 70, n. 1.
Saint-Laurent (fleuve), lat. N. 50, long. O. 70, n. 2 et 3.
Saint-Louis, lat. N. 40, long. O. 90, n. 2.
Saint-Louis, lat. N. 20, long. O. 10, n. 3.
Sainte-Marie (île), lat. S. 10, long. E. 50, n. 8.
Saint-Paul (île), lat. S. 30, long. E. 80. n. 2.
Salas et Gomez (île), lat. S. 20, long. O. 100, n. 1.
Salatan (cap), lat. zéro, long. E. 120, n. 5.
Salomon (îles), lat. zéro, long. E. 160, n. 3, 4 et 6.
San Diego, lat. N. 50, long. O. 120, n. 8.
Sandwich (îles), depuis l'île Altoai, jusqu'à l'île Havaii. V.
San Francisco, lat. N. 50, long. O. 120, n. 3.
San Paul de Loando, lat. zéro, long. E. 10, n. 8.
San Philippe de Benguella, lat. S. 10, long. E. 10, n. 2.
San Joao del Rei, lat. S. 20, long. O. 40, n. 10.
San Salvador, lat. S. 10, long. O. 30, n. 3.
San Salvador, lat. zéro, long. E. 20, n. 3.
Santa, lat. zéro, long. O. 80, n. 7.
Santa Cruze de la Sierra, lat. S. 10, long. O. 60, n. 5.
Santa Fé, lat. N. 40, long. O. 100, n. 1.
Santiago, lat. S. 30, long. O. 70, n. 5.
Sardaigne, lat. N. 40, long. E. 10, n. 2.
Savage (île), lat. S. 10, long. O. 170, n. 5.
Schoumagin (îles), lat. N. 60, long. O. 150, n. 2.
Sébastien (cap St), lat. S. 20, long. E. 40, n. 3.
Sébastopol, lat. N. 50, long. E. 40, n. 11.
Sechelles (îles), lat. zéro, long. E. 60, n. 2.
Sebeirou (île) lat. zéro, long. E. 100, n. 3.
Sénégal (riv.), lat. N. 20, long. O. 10, n. 3 et 5.
Sergipe dél Rei, lat. S. 10, long. O. 30, n. 2.

Setté, lat. zéro, long. E. 10, n. **3**,

Shetland (îles), lat. S. 60, long. O, 60, n. **1**.

Siam (R^me de), lat. N. 20, long. E, 160, n. **5** et **6**.

Sibérie. Tout le nord de l'Asie, à l'est des monts Ourals.

Sicile, lat. N. 40, long. E. 20. n. **2**.

Sierra Leonné, lat. N. 10, long. O. 10, n. **2**.

Simféropol, lat. N. 50, long. E. 40, n. **5**.

Simpang, lat. zéro, long. E. 110, n. **1**.

Sinaï (mont), lat. N. 30, long. E. 40, n. **1**.

Singapour, lat. N. 10, long. E. 110, n. **7**.

Socotora, lat. N. 20, long. E. 60, n. **6**.

Sofala, lat S. 20, long. E. 40, n. **1**.

Sourabaga, lat. zéro, long. E. 110, n. **4**.

Southampton, lat. N. 70, long. O. 80, n. **2**.

Spencer (golfe de), lat. S. 30, long. E. 140, n. **5**.

Spitzberg, lat. N. 80, long. E. 10, n. **1**.

Stewart (île), lat. S. 40, long. E. 170, n. **4**.

Stockholm, lat. N. 60, long. E. 20, n. **1**.

Strasbourg, lat. N. 50, long. E. 10, n. **2**.

Sumatra, V. Padang.

Sumba (île), lat. S. 10, long. E. 120, n. **2**.

Sumbava (île), lat. S. 10, long. E. 120, n. **5**.

Suez, lat. N. 40, long. E. 40, n. **10**.

Sundi, lat. zéro, long. E. 20, n. **2**.

Suwarov (îles), lat. S. 10, long. O. 160, n. **3**.

Sydney (île), lat. zéro, long. O. 170, n. **3**.

Sydney, lat. S. 30, long. E. 160, n. **6**.

T.

Taïti (île), lat. S. 10, long. O. 150, n. **6**. Fait partie des îles de la Société.

Tamatave, lat. S. 10, long. E. 50, n. **9**.

Tanger, lat. N. 40, long. zéro, n. **5**

Tanson, lat. S. 10, long. E. 50, n. **7**.

Tchad (lac), lat. N. 20, long. E. 20, n. **3**.

Téhéran, lat. N. 40, long. E. 50, n. **4**.

TÉNÉRIFFE, lat. N. 30, long. O. 10, n. 2.

TERRE DE FEU, lat. S. 50, long. O. 70, n. 1.

TERRE DE SANDWIK, lat. S. 50, long. O. 20, n. 1 et 2

TERRE-NEUVE (île de), lat. N. 50, long. O. 50, n. 1.

TIGRE, riv. lat. N. 40, long. E. 50, n. 2, 5 et 8.

TILCAR, lat. S. 20, long. E. 40, n. 6.

TIMOR (île), lat. S. 10, long. E. 130, n. 4.

TIMOR-LAUT (île), lat. zéro, long. E. 130, n. 5.

TOBOLSK, lat. N. 60, long. E. 70, n. 3.

TOMBOUCTOU, lat. N. 20, long. zéro, n. 1.

TOMSK, lat. N. 60. long. E. 90, n. 2.

TONKIN, au N. de la Cochinchine.

TONKIN (golfe de), lat. N. 20, long. E. 110, n. 2.

TORRES (détroit de), entre la Nouvelle-Guinée et le cap York. Voy.

TOULOUSE, lat. N. 50, long. zéro, n. 9.

TRINITÉ (île), lat. S. 20, long. O. 30, n. 1.

TRIPOLI, lat. N. 40, long. E. 20, n. 5.

TROMPEUSE (île), lat. zéro, long. E. 100, n. 7.

TRUXILLO, lat. zéro, long. O. 80, n. 6.

TUNIS, lat. N. 40, long. E. 10, n. 3.

U.

UPERNAVIK, lat. N. 80, long. O. 60, n. 2.

URAGUAY (riv.), lat. S. 30, long. O. 50, n. 9.

V.

VALENCE, lat. N. 40, long. zéro, n. 1.

VALDIVIA, lat. S. 40, long. O. 70, n. 1.

VALPARAISO, lat. S. 30, long. O. 70, n. 4.

VAMATCHIN, lat. S. 20, long. E. 50, n. 1.

VAN-DIEMEN (terre de), lat. S. 10, long. E. 130, n. 6.

VARSOVIE, lat. N. 60, long. E. 20, n. 7.

VERA-CRUZ, lat. N. 20, long. O. 90, n. 1.

VETTER (île) lat. zéro, long. E. 130, n. 9.

VICTORIA, lat. S. 20, long. O. 40, n. **1**.
VICTORIA (terre), lat. S. 70, long. E. 170, n. **1** et **2**.
VIENNE, lat. N. 50, long. E. 20, n. **4**.
VILLA-BELLA, lat. S. 10, long. O. 60, n. **4**.
VILLARICA, lat. S. 10, long. O. 40, n. **6**.
VOLGA, lat. N. 60, long. E. 50, 5, 6 et 7, lat. 50, n. **3**.

W.

WALLIS (île), lat. S. 10, long. O. 170, n. **1**.
WALSCHE (cap), lat. zéro, long. E. 140, n. **8**.
WASHINGTON, lat. N. 40, long. O. 80, n. **4**.
WELLESLEY (île), lat. S. 10, long. E. 140, n. **5**.
WELLINGTON, lat. S. 30, long. E. 140, n. **2**.

X.

XINGU (riv.), lat. zéro, long. O. 50, n. **6**.
XULLA (île), lat. zéro, long. E. 130, n. **2**.

Y.

YORK (cap.), lat. S. 10, long. E. 140, n. **2**.
YORK, lat. S. 30, long. E. 120, n. **7**.

Z.

ZAMBÉZE (riv.), lat. S. 10, long. E. 30, n. **1**.
ZANZIBER (île), lat. zéro, long. E. 50, n. **4**.
ZÉLANDE (Nouvelle), V. Cook detr.
ZEMBLE (Nouvelle), lat. N. 80, long. E. 50, u. **1**, **2**, **3**.

Pour trouver sur la figure les deux lignes qui servent de points de départ, l'équateur et le premier méridien, il faut chercher les quatre points cardinaux marqués sur la sphère, N., S., O., E.; l'équateur est entre le N. et le S., et le premier méridien (celui de Paris) est entre l'O. et l'E.

www.ingramcontent.com/pod-product-compliance
Lightning Source LLC
Chambersburg PA
CBHW060535200326
41520CB00017B/5244